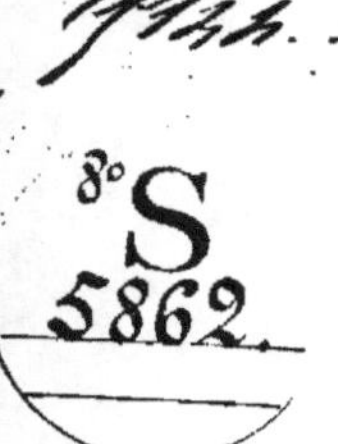
9144. =
8° S
5862.

AF586481

RAPPORT

SUR LES

CHAMPS DE DÉMONSTRATION

(BLÉ — AVOINE — LIN)

PAR

A. HOUZEAU

Directeur de la Station agronomique de la Seine-Inférieure

10e ANNÉE

BLÉ, AVOINE, LIN, ALIMENTATION RATIONNELLE DU BÉTAIL

(Récolte de 1895)

ROUEN

IMPRIMERIE E. CAGNIARD (LÉON GY, Succr)

Rues Jeanne-Darc, 88, et des Basnage, 5

1896

RAPPORT

SUR LES

CHAMPS DE DÉMONSTRATION

(BLÉ — AVOINE — LIN)

PAR

A. HOUZEAU

Directeur de la Station agronomique de la Seine-Inférieure

10e ANNÉE

BLÉ, AVOINE, LIN, ALIMENTATION RATIONNELLE DU BÉTAIL

(Récolte de 1895)

ROUEN

IMPRIMERIE E. CAGNIARD (Léon GY, Succr)

Rues Jeanne-Darc, 88, et des Basnage, 5

1896

8° S 5862

MEMBRES

DE LA

COMMISSION DES CHAMPS DE DÉMONSTRATION

MM. le Préfet;
Gauro, secrétaire général;
Lesouef, sénateur;
Breton, député;
Houzeau, directeur de la station agronomique, correspondant de l'Institut;
Fortier, président du Comice agricole de l'arrondissement de Rouen;
Burel, vice-président de la Société d'encouragement à l'agriculture de l'arrondissement du Havre;
Saint-Requier, membre de la Chambre consultative d'agriculture de l'arrondissement d'Yvetot;
Rasset, président du Comice agricole de l'arrondissement de Neufchâtel;
Lacointe, président de la Société d'Agriculture de l'arrondissement de Dieppe;
Dr Blanche, professeur départemental d'agriculture;
Philippe, professeur départemental d'agriculture;
Gautier, professeur départemental d'agriculture;
Bornot, membre de la Société nationale d'encouragement à l'agriculture, propriétaire à Valmont;
Grille, agriculteur, membre de la Société centrale d'agriculture;
Mulot, propriétaire au château de Goustimesnil à Grainbouville.
Bailhache, cultivateur à Yvetot;
Geulin, cultivateur à Tourville-Fécamp;
Prunier, cultivateur à Duclair;
Lefebvre, propriétaire à Sommery;
Dubuc, professeur d'agriculture à Neufchâtel.
Bordeaux, chef de division, secrétaire.

RAPPORT

SUR

LES CHAMPS DE DÉMONSTRATION

BLÉ ET AVOINE

MONSIEUR LE PRÉFET,

J'ai l'honneur de vous faire connaître les résultats pratiques obtenus sur les champs de démonstration, pendant l'année 1894-1895.

Ils ont trait à la culture du blé et de l'avoine.

Cependant, le zèle et le dévouement de MM. les professeurs départementaux ont donné à ces champs une plus grande extension; quelques-uns comprennent aussi la culture du lin et du colza; et, aux expériences culturales, on a joint des essais sur l'alimentation rationnelle du bétail; de sorte qu'en réalité mon rapport de cette année comprend trois parties :

La première partie expose les résultats des *Champs de démonstration* sur le blé et l'avoine.

La deuxième partie fait connaître les résultats des *Champs d'expériences* pour la démonstration et relatifs à la culture de l'avoine, du lin et du colza.

Enfin, la troisième partie comprend les *Essais sur l'alimentation rationnelle du bétail.*

PREMIÈRE PARTIE

CHAMPS DE DÉMONSTRATION

I

Résultats de la culture du blé

CHAMPS DE DÉMONSTRATION

Sur les deux champs ensemencés cette année, en blé, un seulement, celui de Duclair, a donné une récolte rémunératrice, c'est-à-dire que l'excédent de récolte du champ de démonstration a bien plus que couvert le prix de l'engrais employé.

Celui de Tourville, au contraire, est en déficit sur le champ témoin, c'est-à-dire que l'excédent de récolte du champ de démonstration n'a pas payé la dépense faite en engrais.

La principale cause de cette perte doit être attribuée surtout à la fertilité initiale de la terre sur laquelle a été établi le champ de démonstration. Un champ témoin, qui, sans autre apport d'engrais que celui d'une fumure ordinaire au fumier de ferme, produit 42 hectolitres de grain, indique que le sol est déjà enrichi par

TABLEAU A

ÉCOLE DÉPARTEMENTALE D'AGRICULTURE

ET STATION AGRONOMIQUE DE LA SEINE-INFÉRIEURE

Siège à Rouen, route de Caen et rue des Murs-Saint-Yon

RÉSUMÉ DE LA RÉCOLTE A L'HECTARE

Toute la récolte a été battue et pesée

BLÉ D'HIVER 1894-1895

TABLEAU COMPOSÉ PAR M. HOUZEAU

	1 ARRONDISSEMENT DU HAVRE — TOURVILLE-SUR-FÉCAMP (Professeur : M. Philippe. Cultivateur : M. Grulin.)				2 ARRONDISSEMENT DE ROUEN — DUCLAIR (Professeur : M. Philippe. Cultivateur : M. Prunier.)			
	CHAMP DE DÉMONSTRATION		CHAMP TÉMOIN		CHAMP DE DÉMONSTRATION		CHAMP TÉMOIN	
	Blé sur trèfle avec engrais chimiques.		Blé sur trèfle culture ordinaire sans engrais chimiques.		Blé sur trèfle avec engrais chimiques		Blé sur trèfle culture ordinaire sans engrais chimiques.	
Nom de la semence	Blé rouge de Bordeaux		Blé rouge de Bordeaux		Blé Dattel		Blé Dattel	
Poids employé et son prix	170 kil.	42 fr. »	170 kil.	42 fr. »	173 kil.	42 fr. »	175 kil.	42 fr. »
Nombre d'hectolitres de grain obtenu	48 hect.		42 hect.		43 hect.		35 hect.	
Poids de l'hectolitre	80 kil.		79 kil.		80 kil.		80 kil.	
PRODUIT TOTAL.		Valeur argent		Valeur argent		Valeur argent		Valeur argent
Paille et balles à raison de 10 fr. les 1.000 k.	7.140 kil.	285 fr. 60	6.227 kil.	249 fr. 10	7.078 kil.	283 fr. 40	5.661 kil.	226 fr. 43
Grain net à raison de 18 fr. les 100 k.	3.850	693 »	3.323	598 50	3.393	617 10	2.798	503 95
VALEUR TOTALE		978 fr. 60		847 fr. 60		930 fr. 20		730 fr. 10
à diminuer les frais d'engrais, d'épandage, de récolte et divers (1)		139 20				150 20		
Produit net du Champ de Démonstration		839 fr. 40		829 fr. 40		780 fr. »		
Produit du Champ Témoin				847 60		730 10		
d'où excédent, par hectare			Excéd. Tém.	8 fr. 20	Excéd. Dém.	49 fr. 90		

(1) FRAIS OU DÉPENSES POUR LES ENGRAIS CHIMIQUES EMPLOYÉS.	kil.		kil.	fr.
Sulfate d'ammoniaque	50	19 fr. 25	50	19 »
Nitrate de soude	150	37 50	200	46 »
Superphosphate de chaux	500	37 50	500	32 »
Phosphate fossile				
Sels de potasse	100	25 »	100	20 35
Plâtre				
Engrais divers (sulfate de magnésie)				
Frais de transport, d'intérêt, de mélange et divers		16 40		17 85
(Voir les détails aux tableaux spéciaux).		135 fr. 65		113 fr. 60

Nom de la semence.
Poids employé et son prix.
Nombre d'hectolitres de grain obtenu.
Poids de l'hectolitre.
PRODUIT TOTAL.
Paille et balles à raison de 10 fr. les 1.000 k.
Grain net à raison de 18 fr. les 100 k.
VALEUR TOTALE.
à diminuer les frais d'engrais, d'épandage, de récolte et divers (1).
Produit net du Champ de Démonstration.
Produit du Champ Témoin.
d'où excédent, par hectare.
(1) FRAIS OU DÉPENSES POUR LES ENGRAIS CHIMIQUES EMPLOYÉS.
Sulfate d'ammoniaque.
Nitrate de soude.
Superphosphate de chaux.
Phosphate fossile.
Sels de potasse.
Plâtre.
Engrais divers (sulfate de magnésie)
Frais de transport, d'intérêt, de mélange et divers.
(Voir les détails aux tableaux spéciaux).

OBSERVATIONS. — L'importance de la perte et du boni, signalée dans le tableau, n'est pas absolue. A la place des prix (paille et grain) indiqués par les Praticiens de la Commission des Champs de démonstration et calculés d'après la moyenne du cours des quatre marchés du mois de septembre à Rouen, prix pouvant varier suivant les époques et la région, il est toujours possible au Cultivateur désirant se rendre compte de l'importance de la perte ou du boni, de substituer à ces chiffres ceux qu'il croira mieux répondre aux exigences commerciales de sa culture et de sa situation personnelle.

les fumures antérieures et qu'il ne réclame qu'une dose très modérée d'engrais chimiques.

Quoiqu'il en soit, voici, traduits en argent et par hectare, la perte ou le gain de chaque champ de démonstration :

Tourville-sur-Fécamp (perte)	8 fr. 20
Duclair (gain)....................	49 90

Les tableaux 1 et 2, placés à la fin du rapport, contiennent tous les détails des opérations, tandis que le tableau colorié A les résume.

II

Résultats de la culture de l'avoine

CHAMPS DE DÉMONSTRATION

La culture de l'avoine comprend en tout quatre champs, dont la récolte a été pesée : deux champs témoins et deux champs de démonstration.

Cette année, les résultats des champs de démonstration, ensemencés en avoine, ne confirment pas ceux des années antérieures. Tous les deux sont en déficit sur le champ témoin, c'est-à-dire que l'excédent de récolte obtenu dans le champ de démonstration n'a pas payé la dépense faite en engrais chimiques.

La principale cause de cette perte est due à la grande sécheresse de cette année, dont l'avoine a beaucoup souffert.

Les détails sont consignés dans les tableaux 3 et 4 placés à la fin du rapport, et résumés dans le tableau B ci-joint :

1895. — RÉSULTATS DE LA CULTURE DE L'AVOINE RAPPORTÉS A L'HECTARE

Tableau B.

	ARRONDISSEMENT DE ROUEN				ARRONDISSEMENT DE DIEPPE			
	DUCLAIR — Professeur : M. Philippe. Cultivateur : M. Pau[illegible]				ENVERMEU — Professeur M. Gautier. Cultivateur : M. Breton.			
	AVOINE DE HONGRIE				AVOINE DE BRIE			
	CHAMP DE DÉMONSTRATION avec engrais chimiques sur 1 hectare		CHAMP TÉMOIN sans engrais chimiques sur 1 hectare		CHAMP DE DÉMONSTRATION avec engrais chimiques sur 1 hectare		CHAMP TÉMOIN sans engrais chimiques sur 1 hectare	
Poids et prix de la semence employée	175 kil.	6[illegible] fr. »	175 kil.	60 fr. »	20[illegible] kil.	70 fr. »	200 kil.	70 fr. »
Paille et balles, à 30 fr. les 1,000 kil.	[illegible] kil.	Valeur [illegible] fr. [illegible]	2,900 kil.	Valeur 87 fr. »	4,6[illegible] kil.	Valeur 140 fr. 70	4,663 kil.	Valeur 139 fr. 90
Grain, à 15 fr. les 100 kil.	1952 k. = [illegible] de 47 k.	[illegible]	1403 k. = 30 h. de 47 k.	210 [illegible]	2215 k. = 39 h. 7 de 56 k.	332 2[illegible]	1913 k. = 35 h. 5 de 54 k.	286 95
VALEUR TOTALE de la récolte		[illegible] fr. [illegible]		297 fr. [illegible]		472 fr. 95		426 fr. 85
Sulfate d'ammon., à 20.5 % d'azote	10[illegible] kil.	[illegible] »						
Nitrate de soude, à 15.5 % d'azote	1[illegible]	2[illegible] »			150 kil.	37 50		
Superphosphate de chaux, à 16 % d'acide phosphorique soluble	[illegible]	[illegible]			200	32 »		
Chlorure de potass., à 50 % de Potas.	[illegible]	2[illegible]			100	28 »		
Plâtre	[illegible]	7 50						
Frais divers, transport, main-d'œuvre supplément. de la récolte, intérêt		1[illegible] 50				13 60		
DÉPENSE TOTALE		[illegible]				111 fr. 10		
CONCLUSION :								
RÉSULTATS ÉCON. DE LA CULTURE								
Produit net du champ de démonstration (valeur de la récolte diminuée du prix de l'engrais et des frais)		[illegible]				361 fr. 85		
Produit du champ témoin		297 [illegible]				426 85		
Perte		[illegible]				65 fr. »		

Tableau C

1893. — SAINT-NICOLAS-DE-LA-HAYE. — Professeur : M. Houzeau. — Cultivateur : M. Bailhache.

Culture de l'AVOINE NOIRE DE TARTARIE SUR BLÉ

Chaque parcelle mesure 25 ares. — Épandage et ensemencement : 20 mars.

Résultats rapportés à l'hectare : — Semence employée : 280 kil. au semoir en lignes.

	1 ENGRAIS COMPLET		2 AZOTE SEUL		3 ENGRAIS COMPLET sans acide phosphorique		4 ENGRAIS COMPLET sans potasse	
RÉCOLTE :								
Grain, à 15 fr. les 100 kil.	**1,448** kil.	217 fr. 20	**1,440** kil.	216 fr. »	**1,444** kil.	216 fr. 60	**1,728** kil.	259 fr. 20
Paille et balles, à 30 fr. les 1,000 kil.	2,640	79 20	2,560	76 80	2,480	74 40	2,960	88 80
Valeur totale de la récolte....	»	296 fr. 40	»	292 fr. 80	»	291 fr. »	»	348 fr. »
ENGRAIS EMPLOYÉS :								
Nitrate de soude, à 15,5 % d'azote..	200 kil.	50 fr. »	200 kil.	50 fr. »	200 kil.	50 fr. »	200 kil.	50 »
Superphosphate de chaux, à 15,5 % d'acide phosphorique soluble.......	400	32 »	»	» »	»	» »	400	32 »
Chlorure de potassium, à 50 % de potasse.........................	150	42 »	»	» »	150	42 »	»	» »
Frais divers, transport, épandage, intérêt, etc.....................	»	14 »	»	7 50	»	10 50	»	11 40
Dépense totale..........	»	138 fr. »	»	57 fr. 50	»	102 fr. 50	»	93 fr. 40
CONCLUSION :								
Produit net des champs d'expériences (valeur de la récolte, diminuée du prix de l'engrais et des frais)......	»	158 fr. 40	»	235 fr. 30	»	188 fr. 50	»	254 fr. 60

Avoine très courte dans les quatre champs d'expériences.

DEUXIÈME PARTIE

CHAMPS D'EXPÉRIENCES

I

Résultats de l'emploi, sur l'avoine de printemps, d'un engrais complet et d'engrais incomplets.

CHAMPS D'EXPÉRIENCES

L'expérience entreprise par M. Bailhache, à Saint-Nicolas-de-la-Haye, a eu pour but de rechercher quel résultat on pouvait obtenir dans la culture de l'avoine de printemps, de l'emploi d'engrais incomplets, dans lesquels un ou plusieurs éléments manquaient, comparativement à l'emploi d'un engrais complet.

A cet effet, on a disposé sur un terrain aussi homogène que possible, quatre parcelles de 25 ares, qui ont été ensemencées en avoine noire de Tartarie. Une des parcelles a reçu un engrais complet, tandis que sur les trois autres, on a épandu le même engrais mais dans lequel on avait supprimé un ou plusieurs éléments, que la terre devait fournir.

Les résultats sont résumés dans le tableau C.

Cette expérience démontre très bien la richesse initiale du sol en principes fertilisants, puisque la suppression d'un ou plusieurs de ces principes dans l'engrais complet, n'a pas produit une diminution dans le rendement.

Il ressort donc de ces résultats, que l'on peut diminuer, dans certains cas, la dépense en engrais chimiques, lorsque la terre est déjà enrichie par des apports précédents d'engrais et dont la totalité n'a pas été absorbée par les récoltes pour lesquelles ces engrais avaient été confiés au sol.

Les faibles rendements obtenus dans les différents champs, doivent être attribués à la sécheresse, dont l'avoine a beaucoup souffert.

II

Résultats de l'emploi sur le blé de la potasse et de l'acide phosphorique en automne ou au printemps

CHAMPS D'EXPÉRIENCES

Cette expérience a été faite en vue de rechercher quel pouvait être, pour la culture du blé, le meilleur mode d'emploi de la potasse et de l'acide phosphorique, épandus soit à l'automne soit au printemps.

Les résultats obtenus dans les différents champs ne permettent pas de tirer de conclusion nette, le blé ayant beaucoup souffert de l'hiver rigoureux, notamment dans certaines parcelles.

L'expérience sera reprise l'année prochaine.

Quoi qu'il en soit, le tableau D, ci-joint, reproduit les résultats obtenus.

III

Résultats de la culture du lin

CHAMPS D'EXPÉRIENCES

M. Mulot, dans sa ferme de Goustimesnil, a recherché l'influence sur la culture du lin, de l'emploi de la magnésie en même temps que celle de la variété de semence.

A cet effet, un champ de 1 hectare 32 ares a été divisé en quatre parties de chacune 33 ares, ainsi que l'indique la figure ci-dessous :

GRAINE DE RIGA	A (33 ares) Engrais avec	C (33 ares) Magnésie	GRAINE DE PSKOW
	B (33 ares) Engrais sans	D (33 ares) Magnésie	

1894-1895. — Champ d'expérience d'YVETOT. — Professeur : M. HOUZEAU. — Cultivateur : M. BAILHACHE. Tableau D

CULTURE DU BLÉ BORDIER, SUR TRÈFLE

Influence de l'emploi de l'Acide phosphorique et de la Potasse, en automne ou au printemps

Chaque parcelle mesure 20 ares { Epandage de l'engrais d'automne : 19 octobre 1894 / — — de printemps : 15 mars 1895 } Ensemencement : 20 octobre 1894

RÉSULTATS RAPPORTÉS A L'HECTARE : Semence employée : 178 kilog., à la volée

	1 ENGRAIS COMPLET sans acide phosphorique		2 ENGRAIS COMPLET avec acide phosphorique au *Printemps*		3 ENGRAIS COMPLET avec acide phosphorique à *l'Automne*		4 ENGRAIS COMPLET sans potasse		5 ENGRAIS COMPLET avec potasse au *Printemps*		6 ENGRAIS COMPLET avec potasse à *l'Automne*	
RÉCOLTE :												
Grain, à 18 fr. les 100 kil.	1,840 kil.	331 fr. 20	3,000 kil.	540 fr. »	2,850 kil.	513 fr. »	2,150 kil.	387 fr. »	1,765 kil.	317 fr. 70	2,235 kil.	402 fr. 30
Paille et balles, à 40 fr. les 1,000 kilog.	3,960	158 40	4,810	192 40	3,795	151 80	2,730	110 20	1,760	70 40	2,915	116 60
Valeur totale de la récolte	»	489 fr. 60	»	732 fr. 40	»	660 fr. 80	»	497 fr. 20	»	388 fr. 10	»	518 fr. 90
ENGRAIS EMPLOYÉS :												
A l'automne — Sulfate d'ammoniaque, à 20,5 % d'azote	150 kil.	51 fr.	150 kil.	51 fr. »	150 kil.	51 fr. »	150 kil.	51 fr. »	150 kil.	51 fr. »	150 kil.	51 fr. »
A l'automne — Superphosphate de chaux, à 16,5 % PO^5 soluble	»	» »	»	» »	500	40 »	500	40 »	500	40 »	500	40 »
A l'automne — Chlorure de potassium, à 50 % de potasse	200	56 »	200	56 »	200	56 »	»	» »	»	» »	200	56 »
Au printemps — Nitrate de soude, à 15,5 % d'azote	200	50 »	200	50 »	200	50 »	200	50 »	200	50 »	200	50 »
Au printemps — Superphosphate de chaux, à 15,5 % PO^5 soluble	»	» »	500	40 »	»	» »	»	» »	»	» »	»	» »
Au printemps — Chlorure de potassium à 50 % de potasse	»	» »	»	» »	»	» »	»	» »	200	56 »	»	» »
Frais divers, transport, épandage, intérêt, etc.	»	17 45	»	22 30	»	22 30	»	18 »	»	22 30	»	22 30
Dépense totale	»	174 fr. 35	»	219 fr. 30	»	219 fr. 30	»	159 fr. 20	»	219 fr. 30	»	219 fr. 30
CONCLUSION :												
Produit net des champs d'expérience (valeur de la récolte diminuée du prix de l'engrais et des frais)	»	315 fr. 25	»	513 fr. 10	»	441 fr. 50	»	338 fr. »	»	158 fr. 80	»	299 fr. 60

OBSERVATIONS : Le champ n° 1 a été ravagé par les poules et les oiseaux.
Le blé a beaucoup souffert de la rigueur de l'hiver dans les parcelles 3, 4, 5, 6. Il a été moins éprouvé dans les parcelles 1 et 2.

Sur la surface totale du champ comprenant les 4 champs d'expérience, on en a épandu par hectare :

Chaux de défécation	15.000 kilog.
Scories de déphosphoration, à 16 0/0 acide phosphorique total.	450
Tourteau	900
Chlorure de potassium, à 50 0/0 de potasse................	50

Les parcelles A et C ont en outre reçu par hectare :

Sulfate de magnésie, à 30 0/0 de magnésie..................	450 kilog.

tandis que les parcelles B et D devant servir de point de comparaison pour voir l'influence de la magnésie, ont été cultivées sans autre engrais que celui épandu sur les quatre champs, par conséquent, sans magnésie.

Les graines ensemencées, à raison de 115 kilog. à l'hectare, ont été :

Sur les champs A et B : graine de Riga.
Sur les champs C et D : graine de Pskow.

Les résultats obtenus par hectare, ont été les suivants :

POIDS DE LA RÉCOLTE FAUCHÉE ET SÉCHÉE

	Avec magnésie	Sans magnésie	Excédent produit par l'emploi de la magnésie
	A	B	
Graine de Riga	8.300 k.	6.174 k.	2.126 k.
	C	D	
Graine de Pskow	5.478	4.560	918
Excédent en faveur de la graine de Riga	2.822 k.	1.514 k.	

Ces résultats confirment ceux obtenus les années précédentes, dans les champs d'expériences du canton de Goderville.

Ils démontrent bien, en effet, comme ces derniers, la supériorité de la graine de Riga, sur la graine de Pskow, et l'augmentation de récolte par l'emploi de la magnésie.

IV

Résultats sur la culture du colza

CHAMPS D'EXPÉRIENCES

La culture du colza a été faite dans la ferme de M. Mulot, à Goustimesnil, et a porté sur trois variétés de semence, en vue de rechercher la plus recommandable au point de vue du rendement en graines.

L'expérience a eu, en outre, pour but, de démontrer l'influence sur la récolte, de l'*écimage*, c'est-à-dire de l'opération qui consiste à couper la fleur centrale, pour faire partir les rejetons.

Le champ d'expérience de 3 hectares a été divisé en 3 parties de 1 hectare chacune.

Chacune des parcelles a été ensemencée avec l'une des variétés suivantes :

1re parcelle... colza à fleurs jaunes ordinaire.
2e — ... colza à fleurs blanches.
3e — ... colza nain de Hambourg.

Le premier champ ensemencé avec du colza à fleurs jaunes ordinaires, a été cultivé suivant la méthode du pays, c'est-à-dire que venant après une récolte de blé fumé, il n'a reçu comme engrais, au printemps, par hectare, que 100 kilog. de sulfate d'ammoniaque, à 20, 5 0/0 d'azote.

Les deux autres champs, au contraire, ont reçu par hectare, les engrais suivants :

	2e PARCELLE — Colza à fleurs blanches —	3e PARCELLE — Colza nain de Hambourg —
Chaux en poudre....................	410 litres	»
Scories de déphosphoration, à 16 0/0 d'acide phosphorique total..........	350 kilog.	»
Nitrate de soude, à 15.5 0/0 d'azote...	150	50 kilog.
Sulfate d'ammoniaque, à 20,5 0/0 d'azote	400	160
Chlorure de potassium, à 50 0/0 de potasse...........................	400	160

L'écimage a été fait sur une surface de 10 ares, sur le colza à fleurs blanches.

Les résultats obtenus par hectare sont résumés dans le tableau ci-dessous :

	1re PARCELLE — COLZA à fleurs jaunes ordinaire. (non écimé).	2me PARCELLE — COLZA à fleurs blanches		3e PARCELLE — COLZA NAIN de Hambourg (non écimée).
		Partie écimée.	Partie non écimée.	
Rendement en graines, brut..	456 kil.	2,160 kil.	1,737 kil.	2,032 kil.
Rendement en graines, net (après passage au tarare)...	450 kil.	1.700 kil.	1,615 kil.	1,550 kil.
ANALYSE DES GRAINES :				
Huile, pour cent...............	37,70		36.00	
Humidité, pour cent..........	8,90		6,00	

D'après les résultats de cette expérience, c'est le colza à fleurs blanches qui donne le plus grand rendement en graines, et ce rendement s'accroît encore, lorsqu'on pratique l'*écimage*.

TROISIÈME PARTIE

Expériences sur l'alimentation du bétail

RAPPORT DE M. PHILIPPE

Professeur de Zootechnie à l'École départementale d'Agriculture

Les expériences d'alimentation ont été faites chez M. E. Prunier, cultivateur à Duclair.

Elles ont été commencées le 15 décembre 1894 et terminées le 15 avril 1895.

Elles ont porté sur deux catégories d'animaux :

Une catégorie composée de 4 animaux âgés de 8 mois en moyenne ;

Une catégorie composée de 6 animaux âgés de 18 mois en moyenne.

Les jeunes bovidés de la 1re catégorie ont été alimentés de la manière suivante :

Paille de blé, paille d'avoine, menues pailles, betteraves, suivant leur appétit, et quelques heures de pâturage.

La bande en expérience (2 animaux) a reçu en plus 4 kilog. de tourteaux d'arachides, jusqu'au 15 janvier, et 6 kilog. jusqu'au 15 avril.

Les bovidés de la 2e catégorie (6 animaux), 3 par

bandes, ont reçu une ration constituée comme pour les précédents ; la bande en expérience a reçu en plus 6 kilog. de tourteaux d'arachides jusqu'au 1er janvier, 9 kilog. jusqu'au 15 janvier, et 12 kilog. jusqu'au 15 avril.

Résultats : 1re catégorie

Bande en expérience. Pesée initiale :

15 décembre 1894 (2 animaux, 16 mois).	452 kilog.
15 avril 1895	553 —
La bande a gagné	101 kilog.

Bande témoin. Pesée initiale :

15 décembre 1894 (2 animaux, 16 mois).	470 kilog.
15 avril 1895	495 —
La bande témoin a gagné	25 kilog.

Excédant en faveur de la bande bien nourrie l'hiver, 76 kilog.

Cet excédant a été obtenu par une dépense de 78 fr. 96, résultant de la consommation de 658 kilog. de tourteaux d'arachides (12 fr. les 100 kilog.) ce qui ressort le kilogramme de poids vif obtenu à 1 fr. 003 millièmes.

L'accroissement moyen de chaque animal bien nourri a été, par jour, de 420 grammes.

L'accroissement moyen de chaque animal de l'autre bande n'a été que de 104 grammes.

Résultats : 2e catégorie (6 animaux)

Bande en expériences. Pesée initiale :

15 décembre 1894 (3 animaux, 45 mois). 1.282 kilog.
15 avril 1895.................... 1.494 —

La bande en expérience a gagné 1,494 kilog. — 1,282 kilog. = 212 kilog.

Bande témoin. Pesée initiale :

15 décembre 1894 (3 animaux, 51 mois). 1.235 kilog.
15 avril 1895.................... 1.233 —

La bande témoin a perdu 1,235 kilog. — 1,233 kilog. = 2 kilog.

Excédant auquel il faut ajouter les 2 kilog. perdus par l'autre bande, soit un gain de 214 kilog. en faveur de la bande bien nourrie, obtenu avec une dépense de 156 fr. 60 résultant de la consommation de 1,305 kil. de tourteaux d'arachides, à 12 fr. les 100 kilog.

Ce qui ressort le kilogramme du poids vif à 0 fr. 70.

L'accroissement de chaque animal a été, par jour, de 583 grammes.

RÉSUMÉ

En 1894-1895, le kilogramme de poids vif revient, pour les jeunes bovidés, à 1 fr. 003 millimes.

Pour les bovidés de 18 mois à 0 fr. 70.

Ces résultats sont loin de concorder, comme ceux que j'ai obtenus en 1893-1894, qui établissent que le kilogramme de poids vif était ressorti, pour l'une et l'autre catégorie, à 0 fr. 88.

Comment expliquer cet écart important ?

Les pesées faites très exactement à la même heure, le matin à jeun et tous les quinze jours, ont toujours été, pour les animaux de cette catégorie (jeunes bovidés), moins satisfaisantes. Le gain par quinzaine n'a pas été proportionné à la richesse de la ration. Très vraisemblablement il faut attribuer le manque d'accroissement à une disposition purement individuelle ; peut être chez les très jeunes bovidés la digestibilité du tourteau d'arachides, un des plus riches en éléments protéiques, est-elle moins complète que pour les animaux d'un âge plus avancé. Dans cet ordre d'idée, il y a un inconnu à dégager.

Pour les animaux de la 2e catégorie, l'expérience a été par contre très concluante et absolument démonstrative de la thèse que je m'efforce de faire prévaloir par mon expérience d'alimentation ; à savoir : que l'hiver une dépense d'aliments concentrés, destinée à augmenter la valeur nutritive d'une ration, est couverte par une augmentation de poids, partant une augmentation du capital bétail et par la production de déjections fertilisantes.

En terminant, je me fais un devoir de vous signaler, Monsieur le Préfet, la coopération active de MM. Geulin, Prunier, Breton, Bailhache, Mulot, à l'œuvre des champs de démonstration. Leur concours nous a été des plus utiles.

Au nom des professeurs de l'école départementale, je leur exprime mes remercîments.

Veuillez agréer, Monsieur le Préfet, l'assurance de mon respect.

Le Directeur de la station agronomique,
membre correspondant de l'Institut,

A. HOUZEAU.

Rouen, le 20 janvier 1896.

Post-Scriptum. — Je joins à titre d'annexes, pour être consultes a l'occasion, et afin que chaque auteur conserve la responsabilité de son œuvre, les tableaux complets qui contiennent les détails des champs de démonstration de chaque arrondissement, et tels qu'ils ont été remplis par MM. les Professeurs départementaux.

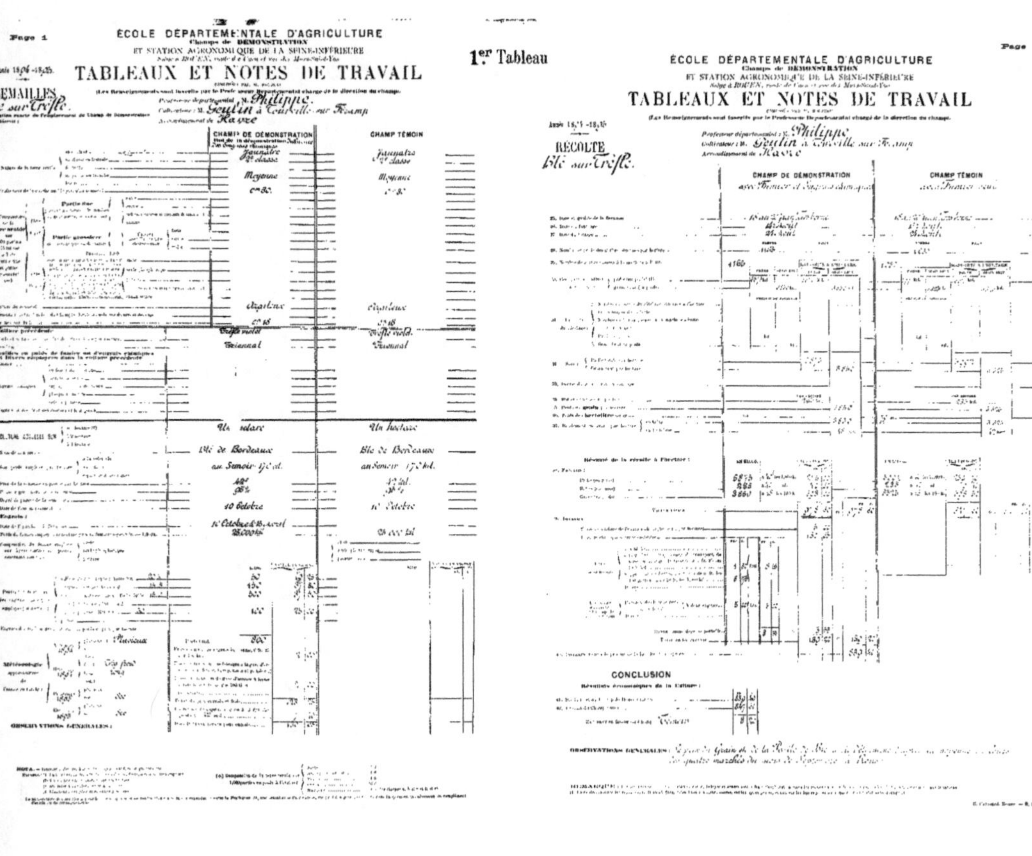

Page 1

ÉCOLE DÉPARTEMENTALE D'AGRICULTURE
Champs de DÉMONSTRATION
ET STATION AGRONOMIQUE DE LA SEINE-INFÉRIEURE

1er Tableau

Année 1894-1895

TABLEAUX ET NOTES DE TRAVAIL

(Les Renseignements sont inscrits par le Professeur Départemental chargé de la direction du champ.)

SEMAILLES
Blé sur Trèfle.

Professeur départemental : M. Philippe.
Cultivateur : M. Geulin à Tourville-sur-Fécamp
Arrondissement du Havre

	CHAMP DE DÉMONSTRATION	CHAMP TÉMOIN
1. Nature de la terre arable	Jaunâtre 2e classe	Jaunâtre 2e classe
	Moyenne	Moyenne
2.	0m30.	0m30.
	Argileux	Argileux
	0m18	0m18
6. Culture précédente	Trèfle violet	Trèfle violet.
	Triennal	Triennal
	Un hectare	Un hectare
	Blé de Bordeaux	Blé de Bordeaux
	au Semoir 170 lit.	au Semoir 170 lit.
	42f	42 lit.
	98%	98%
	10 Octobre	10 Octobre
	10 Octobre & 18 Avril	
	25.000 kil	25 000 kil

	Kilos
	50
	150
	500
	100
Total	800

Météorologie: 1894 Pluvieux; 1895 Très froid

OBSERVATIONS GÉNÉRALES :

Page 2

ÉCOLE DÉPARTEMENTALE D'AGRICULTURE
Champs de DÉMONSTRATION
ET STATION AGRONOMIQUE DE LA SEINE-INFÉRIEURE
Siège à ROUEN

TABLEAUX ET NOTES DE TRAVAIL

(Les Renseignements sont inscrits par le Professeur Départemental chargé de la direction du champ.)

Année 1894-1895

RÉCOLTE
Blé sur Trèfle.

Professeur départemental : M. Philippe
Cultivateur : M. Geulin à Tourville-sur-Fécamp
Arrondissement du Havre

	CHAMP DE DÉMONSTRATION avec Fumier et Engrais chimiques	CHAMP TÉMOIN avec Fumier seul
25.		
26.		
27.	24 Août	
29.	4166	

Résumé de la récolte à l'hectare :

6875	
884	
3860	

CONCLUSION

Résultats économiques de la Culture :

41.	859
42.	847
Excédent	8

OBSERVATIONS GÉNÉRALES : Le prix du Grain et de la Paille de Blé a été déterminé d'après la moyenne des quatre marchés du mois de Novembre à Rouen.

2e Tableau

ÉCOLE DÉPARTEMENTALE D'AGRICULTURE
Champs de DÉMONSTRATION
ET STATION AGRONOMIQUE DE LA SEINE-INFÉRIEURE
Siège à ROUEN

Année 1834-1835

TABLEAUX ET NOTES DE TRAVAIL

(Les Renseignements sont inscrits par le Professeur Départemental chargé de la direction du champ).

SEMAILLES sur Trèfle

Professeur départemental : M. Philippe
Cultivateur : M. Prunier à Duclair
Arrondissement de Rouen

	CHAMP DE DÉMONSTRATION	CHAMP TÉMOIN
	Engrais chimiques	avec Fumier seul
	Jaunâtre, 2e & 3e classe	Jaunâtre, 2e & 3e classe
	Moyenne	Moyenne
	4.00	4.00
	1.40	1.40
	Argileux	Argileux
	Trèfle	Trèfle
	Trienal	Trienal
	Un hectare	Un hectare
	Blé Dattel	Blé Dattel
	au Semoir 173 kil	au Semoir 173 kil
	Bon	Bon
	Bon	Bon
	19 Octobre	10 Octobre
	30 000 kil	30 000 kil

OBSERVATIONS GÉNÉRALES :

ÉCOLE DÉPARTEMENTALE D'AGRICULTURE
Champs de DÉMONSTRATION
ET STATION AGRONOMIQUE DE LA SEINE-INFÉRIEURE
Siège à ROUEN

TABLEAUX ET NOTES DE TRAVAIL

(Les Renseignements sont inscrits par le Professeur Départemental chargé de la direction du champ).

Année 1834-1835

RÉCOLTE
Blé sur Trèfle

Professeur départemental : M. Philippe
Cultivateur : M. Prunier à Duclair
Arrondissement de Rouen

	CHAMP DE DÉMONSTRATION	CHAMP TÉMOIN
	avec Fumier & Engrais chimiques	avec Fumier seul
Date et qualité de la Récolte	15 Juin	15 Juin
Date de la Moisson	30 Juillet	30 Juillet
Date du Battage	20 Août	20 Août

Résumé de la récolte à l'hectare :

CONCLUSION

Résultats économiques de la Culture :

Excédent en faveur du Champ de Démonstration

OBSERVATIONS GÉNÉRALES :

REMARQUE :

Page 1

ÉCOLE DÉPARTEMENTALE D'AGRICULTURE
Champs de DÉMONSTRATION
ET STATION AGRONOMIQUE DE LA SEINE-INFÉRIEURE

Année 18.. -18..

TABLEAUX ET NOTES DE TRAVAIL

(Les Renseignements sont inscrits par le Professeur Départemental chargé de la direction du champ.)

Professeur départemental : M. Philippe
Cultivateur : M. Peunier à Duclair
Arrondissement de Rouen.

MAILLES
... sur Blé

	CHAMP DE DÉMONSTRATION	CHAMP TÉMOIN
[illegible]	Moyenne	Moyenne
[illegible]	Blé	Blé
[illegible]	Triennal	Triennal
[illegible]	Un hectare	Un hectare
[illegible]	Bon	Bon
[illegible]	Bon	Bon

3e Tableau

Page 2

ÉCOLE DÉPARTEMENTALE D'AGRICULTURE
Champs de DÉMONSTRATION
ET STATION AGRONOMIQUE DE LA SEINE-INFÉRIEURE

TABLEAUX ET NOTES DE TRAVAIL

(Les Renseignements sont inscrits par le Professeur Départemental chargé de la direction du champ.)

Année 18.. -18..

RÉCOLTE
Avoine sur Blé.

Professeur départemental : M. Philippe
Cultivateur : M. Prunier à Duclair
Arrondissement de Rouen

	CHAMP DE DÉMONSTRATION	CHAMP TÉMOIN
25. Date et époque de la floraison	[illegible] Juin	[illegible] Juin
26. Date du fauchage	[illegible] août	[illegible] août
27. Date du battage	[illegible] août	[illegible] août

CONCLUSION

Résultats économiques de la Culture :

OBSERVATIONS GÉNÉRALES : [illegible]

REMARQUE : [illegible]

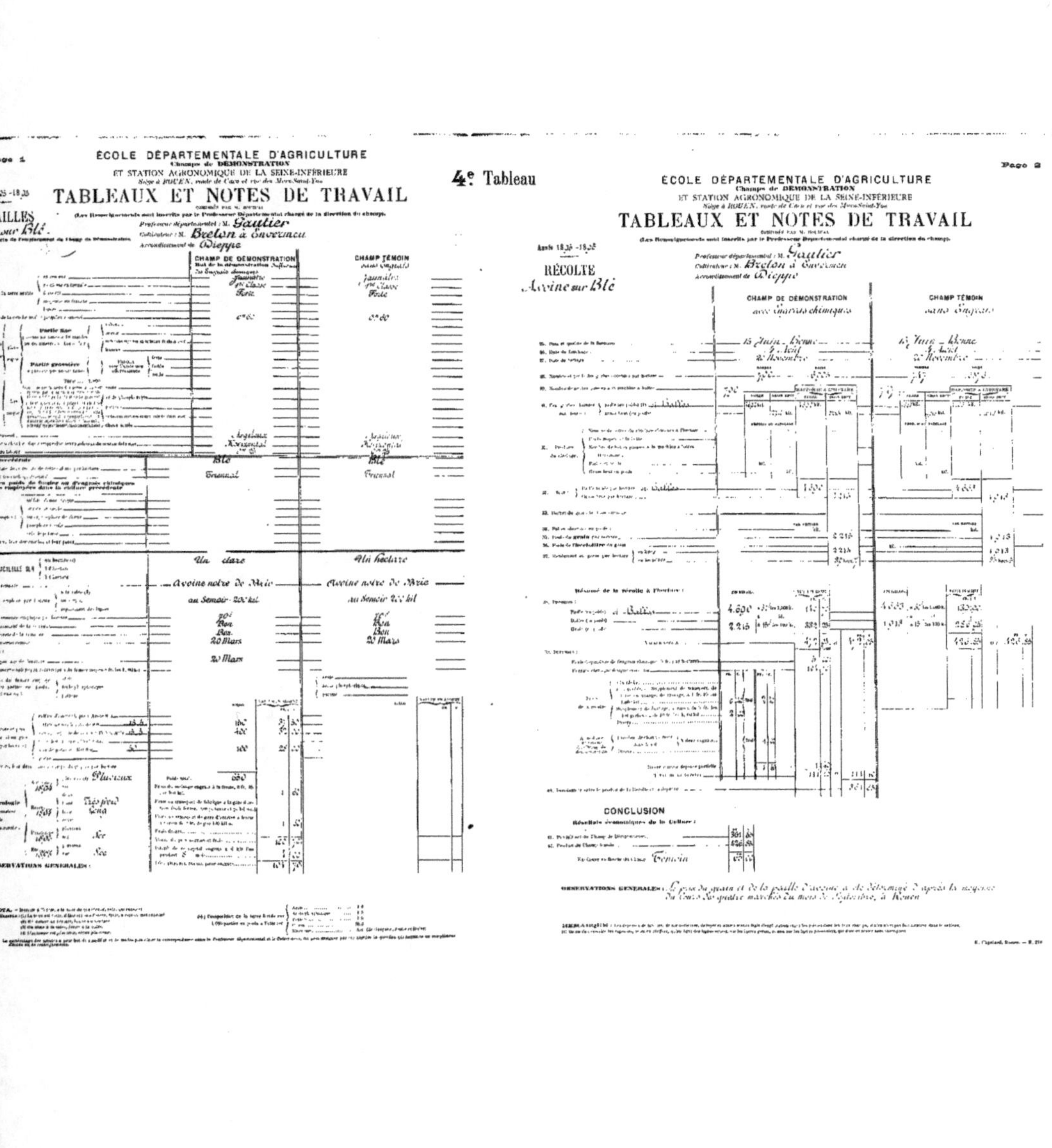

4e Tableau

Page 1

ÉCOLE DÉPARTEMENTALE D'AGRICULTURE
Champs de DÉMONSTRATION
ET STATION AGRONOMIQUE DE LA SEINE-INFÉRIEURE

TABLEAUX ET NOTES DE TRAVAIL

18.35 - 18.35

AILLES
... sur Blé.

Professeur départemental : M. Gautier
Cultivateur : M. Breton à Envermeu
Arrondissement de Dieppe

	CHAMP DE DÉMONSTRATION	CHAMP TÉMOIN
	Jaunâtre	Jaunâtre
	4e Classe	4e Classe
	Forte	Forte
	0m 60	0m 60
	Argileux	Argileux
	Horizontal	Horizontal
	Blé	Blé
	Triennal	Triennal
	Un hectare	Un hectare
	Avoine noire de Brie	Avoine noire de Brie
	au Semoir - 200 kil	au Semoir 200 kil
	20 Mars	20 Mars

Pluvieux
Très pluvieux
Sec
Sec

OBSERVATIONS GÉNÉRALES :

Page 2

ÉCOLE DÉPARTEMENTALE D'AGRICULTURE
Champs de DÉMONSTRATION
ET STATION AGRONOMIQUE DE LA SEINE-INFÉRIEURE

TABLEAUX ET NOTES DE TRAVAIL

Année 18.35 - 18.35

RÉCOLTE
Avoine sur Blé

Professeur départemental : M. Gautier
Cultivateur : M. Breton à Envermeu
Arrondissement de Dieppe

	CHAMP DE DÉMONSTRATION avec Engrais chimiques	CHAMP TÉMOIN sans Engrais
Date et qualité de la moisson	15 Juin - Bonne	15 Juin - Bonne
Date du battage	4 Août	4 Août
Date de la vente	20 Novembre	20 Novembre

CONCLUSION

Résultats économiques de la Culture :

61. Produit net du Champ de Démonstration	301	85
62. Produit net du Champ témoin	426	50
En faveur du Champ Témoin		

OBSERVATIONS GÉNÉRALES : Le prix du grain et de la paille d'avoine a été déterminé d'après la moyenne du cours des quatre marchés du mois de Septembre, à Rouen

www.ingramcontent.com/pod-product-compliance
Lightning Source LLC
LaVergne TN
LVHW012023160826
845678LV00002B/992

* 9 7 8 2 3 2 9 6 5 9 7 8 7 *